Rizwan Younas
Muhammad Shahid

Torrefação de biomassa com carvão

Rizwan Younas
Muhammad Shahid

Torrefação de biomassa com carvão

ScienciaScripts

Imprint

Any brand names and product names mentioned in this book are subject to trademark, brand or patent protection and are trademarks or registered trademarks of their respective holders. The use of brand names, product names, common names, trade names, product descriptions etc. even without a particular marking in this work is in no way to be construed to mean that such names may be regarded as unrestricted in respect of trademark and brand protection legislation and could thus be used by anyone.

Cover image: www.ingimage.com

This book is a translation from the original published under ISBN 978-3-330-01511-1.

Publisher:
Sciencia Scripts
is a trademark of
Dodo Books Indian Ocean Ltd. and OmniScriptum S.R.L publishing group

120 High Road, East Finchley, London, N2 9ED, United Kingdom
Str. Armeneasca 28/1, office 1, Chisinau MD-2012, Republic of Moldova, Europe
Printed at: see last page
ISBN: 978-620-7-90649-9

Índice:

Resumo

A biomassa é a fonte de energia renovável, enquanto o carvão é a fonte de energia não renovável. O pré-tratamento da biomassa é necessário antes de a utilizar para a produção de energia. Através do pré-tratamento da biomassa com calor, podemos aumentar o seu valor energético calorífico e a sua hidrofobicidade. A torrefação é a pirólise suave em que o calor é fornecido à biomassa numa mufla ou num reator de 200^0 C a 300^0 C. À escala laboratorial, utiliza-se a mufla, enquanto que à escala industrial se utilizam reactores para a torrefação da biomassa. Neste projeto são feitas cinco misturas diferentes de carvão com biomassa e a temperatura é fornecida no forno de mufla de 200 C a 300^{00} C. Estudou-se o efeito combinado da perda de peso com a temperatura. A biomassa 100% pura é preparada e estudada a perda de peso com a temperatura. 20 gramas de amostra são colocados no forno de mufla. A 300^0 C, quando o tempo de permanência da biomassa na mufla foi de 225 minutos, o peso reduziu-se para 6,70 g. Preparou-se carvão 100% puro e colocaram-se 20 g da amostra na mufla. A 300^0 C, quando o tempo de permanência no forno de mufla foi de 225 minutos, o peso reduziu-se para 7,91 gramas. Foram misturados 75% de carvão e 25% de biomassa e 20 gramas da amostra foram colocados na mufla. A 300^0 C, quando o tempo de permanência foi de 225 minutos, o peso reduziu-se para 8,01 gramas. Misturou-se 75% de biomassa e 25% de carvão e colocou-se 20 gramas da amostra na mufla. A 300^0 C, quando o tempo de permanência foi de 225 minutos, o seu peso reduziu-se para 6,02 gramas. A biomassa 100% pura é preparada e 20 gramas da amostra são colocados no forno de mufla. A 300^0 C, quando o tempo de permanência foi de 225 minutos, o seu peso reduziu-se para 6,70 gramas. Da mesma forma, 50% da biomassa foi misturada com 50% de carvão e 20 gramas da amostra foram colocados no forno de mufla. A 300^0 C, quando o tempo de residência foi de 225 minutos, o peso reduziu-se para 6,90 gramas. O biochar produzido pode ser utilizado para fins de gaseificação para a produção de gases de síntese. Podemos substituir o carvão em centrais térmicas, metalúrgicas e outros processos por biomassa torrificada. Desta forma, podemos reduzir a utilização de carvão. Os vários tipos de mistura preparados podem ser utilizados para fins de co-combustão.

CAPÍTULO 1

INTRODUÇÃO

(1.(1) Biomassa.

Bio significa vivo. Assim, a biomassa é a massa orgânica proveniente de um organismo vivo. A biomassa é a matéria utilizada a nível mundial, proveniente tanto de plantas como de animais. A biomassa é a fonte renovável de energia[1] . A composição química da biomassa diz-nos que esta inclui carbono, hidrogénio, átomos de oxigénio, frequentemente azoto e outros tipos de átomos. Inclui também metais alcalinos, alcalino-terrosos e pesados[2] . A biomassa é a fonte renovável de energia utilizada para a produção de eletricidade e noutros sectores para a produção de energia[3] .

As plantas preparam biomassa através de uma reação chamada fotossíntese.

A fotossíntese é a reação química que ocorre na presença da luz solar e da clorofila. As plantas captam o dióxido de carbono do ar, da água do solo e convertem-no em hidratos de carbono. Durante esta reação, o oxigénio é libertado para a atmosfera[4] .

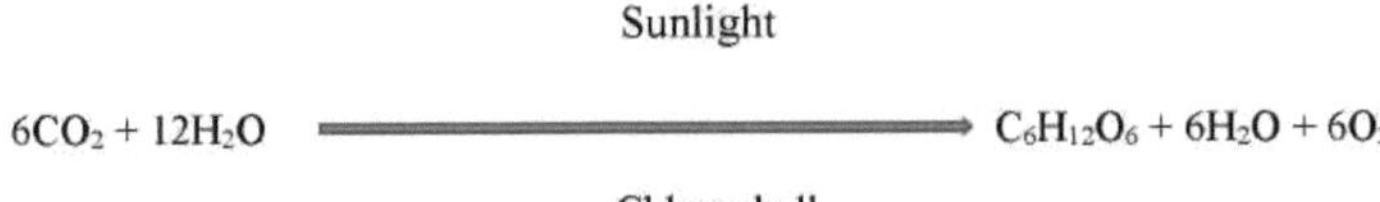

O açúcar simples glicose e oxigénio é o produto final da reação[4] . A água é utilizada e também produzida no final da fotossíntese. A biomassa pode ser convertida em energia. É como o carvão, que pode ser convertido em muitas formas de energia. A biomassa pode ser queimada diretamente ou pode ser convertida noutra forma útil de energia. Pode ser convertida em combustíveis líquidos, eletricidade, metano, hidrogénio, etc. A biomassa também pode ser convertida em gás de síntese[5] . Existem muitos tipos de biomassa, consoante as plantas e os animais. As culturas e os resíduos florestais incluem licores negros, aparas de madeira, escarpas de madeira, casca, serradura, casca de arroz, casca de aveia, etc. Estes resíduos agrícolas e florestais são diretamente queimados no ar ou co-incinerados com carvão para a produção de energia. Os resíduos sólidos urbanos são os vários tipos de resíduos sólidos deitados fora pelo público[6] . A biomassa pode ser convertida em biocombustíveis .[7]

(1.(2) Tipos de biocombustíveis.

(1) Biocombustíveis de primeira geração. (2) Biocombustíveis de segunda geração.

(1.2.(1) Biocombustíveis de primeira geração.

Os biocombustíveis de primeira geração são produzidos a partir de culturas alimentares. Estas culturas incluem o açúcar, o amido, o óleo vegetal, o destino dos animais, as sementes, a soja, os cereais, etc. Os biocombustíveis de primeira geração são o bioetanol, o biodiesel, o biogás derivado do amido, o biometanol e o bioéter, todos eles biocombustíveis de primeira geração[8] .

(1.2.(2) Biocombustíveis de segunda geração.

Os biocombustíveis de segunda geração são produzidos a partir de culturas não alimentares. Estas culturas não alimentares incluem materiais lignocelulósicos. Os biocombustíveis de segunda geração são obtidos através de reacções de Fisher Tropsch, por exemplo, o gasóleo de biomassa através de Fisher Tropsch, também conhecido como gasóleo Fischer Tropsh. O bioetanol a partir de lignocelulose através de Fischer Tropsch é o exemplo mais importante de biocombustíveis de segunda geração. Neste projeto, a biomassa escolhida é o cone feminino do cipreste Lawson. O pormenor desta planta é apresentado em[9] .

(1.(3) Gimnospermas.

A gimnosperma é a combinação de duas palavras. Gymnos significa sem frutos, significa nu e sperma significa sementes. As plantas que dão sementes nuas são chamadas gimnospérmicas. As gimnospérmicas são as plantas sem frutos. Elas têm sementes nuas. Todas as plantas pertencentes às gimnospermas não têm frutos mas produzem sementes[11] . Os óvulos estão expostos. Eles têm uma escama e as sementes são nutridas nessa escama. As escamas têm a forma de um cone. Assim, a escama e as sementes formam um cone. O vapor destas plantas é um ramo invariável. As raízes destas plantas são muito desenvolvidas. Têm folhas de folhagem e folhas de escamas[12] . As plantas pertencentes às gimnospérmicas são sempre verdes. O cone da gimnosperma é unissexual. O cone feminino e o cone masculino estão presentes na mesma planta. A poliembrionia é a caraterística comum destas plantas. No final da fertilização, um único embrião amadurece. O número de cotilédones na semente é variável. Começam por ser monocotiledóneas e passam a ser policotiledóneas. Têm um número variável de cotilédones nas suas sementes[13] .

(1.3.(1) Dois grupos principais de gimnospérmicas.

(1) Cicas (2) Coníferas

As árvores que produzem cones são as coníferas. Estes grupos de coníferas são o maior grupo de gimnospérmicas. Crescem nas regiões temperadas. Também crescem nas colinas. Formam uma grande floresta[14] .

(1.4) Coníferas encontradas no Paquistão.

(1) Abeto de Pindrow. (2) Abeto de Morinda. (3) Deodar. (4) Pinheiro azul. (5) Pinheiro de Chir.

(6) Cipreste de Lawson.

Estes tipos de coníferas são comuns no Paquistão, especialmente no Baluchistão.

(1.4.(1) Abeto de Pindrow.

O nome botânico do abeto de Pindrow é Abies Pindrow. É grande em número e as árvores do abeto pindrow são sempre verdes. Cresce em encostas frescas e húmidas. Os rebentos são acinzentados - cor-de-rosa a castanho-amarelado. As folhas são semelhantes a agulhas e sempre verdes. As folhas estão dispostas em espiral no rebento. O cone do abeto de pindrow é largo[15] .

(1.4.(2) Morinda spruce.

O nome botânico do abeto de Morinda é Picea Smithiana. O abeto de Morinda é uma árvore de maior porte e de folha perene. As árvores do abeto de Morinda são altas. O cone do abeto de Morinda é de forma cónica. Os ramos da árvore estão ao mesmo nível uns dos outros. Os rebentos desta planta são de cor castanha clara. As folhas têm a forma de agulha e são sempre verdes[16] .

(1.4.(3) Pinho azul.

O nome botânico do pinheiro azul é Pinus Wallichiana. Trata-se também de uma conífera. A planta do pinheiro azul é perene. Cresce em climas temperados e a uma altitude de cerca de 1900 metros a 4400 metros. As folhas são semelhantes a agulhas e ocorrem em feixes nos ramos. O cone desta planta é comprido. Quando o cone amadurece, tem uma forma amarela ou amarelada. A madeira da planta é dura. A madeira é utilizada diretamente para fins de combustão e comercialmente para a produção de terebintina. O pinheiro azul é plantado em parques e jardins. Tem um cone atrativo e grande[17] .

(1.4.(4) Deodar.

O nome botânico do Deodar é Cedrus deodara. As folhas do Deodar são semelhantes a agulhas e são sempre verdes. As folhas nascem isoladamente num rebento longo e estão agrupadas. A forma do cone feminino é semelhante a um barril. Quando o cone feminino amadurece, rompe-se e liberta as sementes. O cone macho liberta grãos de pólen no outono. A árvore de Deodar é cultivada para fins ornamentais em jardins, etc.[18] .

(1.4.(5) Pinho Chir.

O nome botânico do pinheiro-da-cadeira é Pinus roxburghii. É uma espécie de pinheiro que ocorre a uma altitude inferior à das outras espécies. Cresce em regiões temperadas. As folhas são semelhantes a agulhas e sempre verdes. Comercialmente, é utilizada para a produção de resina. O cone desta planta tem uma forma ovoide. É mais largo na base e vai-se estreitando no topo[19] .

(1.4.(6) Cipreste de Lawson.

O nome botânico do cipreste de Lawson é Chamaecyparis lawsoniana. Esta planta é uma espécie de coníferas. O cipreste de Lawson é uma árvore sempre verde. A árvore desta planta tem 59 metros de altura ou até mais. Os cones de sementes têm 6-13 mm de diâmetro. A sua cor é verde na primeira fase e na fase de maturação torna-se castanha. Cai da árvore dentro de 6-8 meses. Foi descoberta pela primeira vez perto de Port oford, no Oregon. A planta foi introduzida para cultivo em 1854[20] .

O cipreste de Lawson é uma árvore alta. A árvore desta planta tem uma forma cónica. O cone masculino e o cone feminino nascem na mesma árvore. O cipreste de Lawson é também conhecido como cedro de Port Oford. A classificação científica do cipreste de Lawson é apresentada no quadro seguinte [21]

Reino Unido	plantae
Divisão	Pinófitas
Classe	Pinopsida
ordem	Pinales
Família	cupressáceas
Género	Chamaecyparis
Espécies	Lawsoniana

Quadro (1.1)

Esta planta apresenta na primavera cones masculinos de cor vermelha.

O cone fêmea maduro é mostrado na figura abaixo.

Figura (1.1)

O cipreste de Lawson ocorre onde a água é abundante no solo, especialmente no verão. Pode crescer em solos arenosos, de cor castanha clara. Este tipo de solo é de cor castanha clara, onde estão presentes maioritariamente minerais e falta matéria orgânica. Neste tipo de solo não há alimento suficiente para a planta e a planta seca rapidamente[22] .

A argila é um outro tipo de solo que é demasiado bom para o crescimento do cipreste de Lawson. O solo de argila é de cor castanha escura ou preta e contém minerais e matéria orgânica. A planta vive durante um longo período de tempo no solo argiloso. Este tipo de solo é poroso e absorve facilmente a água dos seus arredores[23] .

Também pode nutrir-se em argila. A cor deste tipo de solo é variável e pode ser determinada pelos minerais presentes no mesmo. Neste tipo de solo, os minerais são abundantes, mas a quantidade de matéria orgânica é pequena, pelo que este tipo de solo não consegue absorver água facilmente[24] .

O cipreste de Lawson cresce em plena luz solar e também em luz solar parcial. Atinge a sua maturidade em 250 -300 anos e vive durante um longo período de tempo, cerca de 560 anos. Os cones masculinos e femininos começam a desenvolver-se na primavera[25] .

(1.(5) Carvão.

Os resíduos vegetais, quando enterrados no solo, sofrem alterações físicas e químicas sob a ação da temperatura, da pressão e do ataque bacteriano e transformam-se em carvão. Mas a formação do carvão não é assim tão simples, são necessários milhões de anos para transformar os resíduos vegetais em carvão[26] .

Existem vários tipos de teorias que explicam a formação de carvão a partir de detritos vegetais. Mas aqui vamos discutir apenas duas teorias que são mais exactas do que as outras.

(1.5.(1) Na teoria da situação.

A teoria in situ explica a formação do carvão a partir de detritos vegetais. Esta teoria explica que, quando as plantas crescem, decaem no mesmo sítio. Com o passar de milhões de anos, estes detritos vegetais transformam-se em carvão. Assim, os veios de carvão ocupam o mesmo sítio onde a planta e a decomposição[27] .

(1.5.(2) Teoria da deriva.

A outra teoria é a teoria da deriva. Esta teoria também explica a formação de carvão a partir de detritos de plantas. Diz que onde a planta cresce é arrancada por rios, lagos e é enterrada por solos a uma certa distância da origem. os detritos de plantas apodrecem aí e decompõem-se sob temperatura, pressão e ataque bacteriano e formam carvão[28] .

(1.(6) As fases de formação do carvão a partir de detritos vegetais.

(a) Resíduos vegetais b) Turfa c) Linhite d) Hulha castanha e) Hulha sub-betuminosa f) Hulha betuminosa g) Hulha semi-antracite h) Hulha antracite i) Grafite.

A classificação do carvão representa as fases de formação do carvão a partir de resíduos vegetais. Cada carvão ou fase é mais maduro do que o outro, por exemplo, o carvão antracite tem uma classificação mais elevada do que o semi-antracite. A classificação do carvão aumenta à medida que a profundidade do carvão aumenta no solo. A formação de carvão a partir de resíduos vegetais ocorre em duas fases[29] .

Alteração bioquímica.

Na fase bioquímica, os resíduos vegetais são atacados por bactérias em condições de humidade. A profundidade dos resíduos vegetais está diretamente relacionada com a maturidade do carvão. À medida que a profundidade aumenta, a temperatura e a pressão também aumentam[30] .

Mudança química do dínamo.

A outra fase é a fase química do dínamo. Nesta fase, a mudança nos detritos vegetais é a pressão ou a sobrecarga[31] . A pressão tectónica também está incluída na fase química do dínamo. De acordo com a análise proximal e final, o carvão é composto por humidade, matéria volátil, carbono fixo. Cinzas, carbono total, hidrogénio, oxigénio, azoto, enxofre[32] .

Turfa.

Quando os detritos vegetais sofrem decomposição sob a ação da temperatura, pressão e ataque bacteriano, transformam-se primeiro em turfa. Assim, a turfa é a fase inicial da forma de carvão dos detritos vegetais[33] . Contém uma grande quantidade de humidade. O seu valor calorífico é baixo, mas superior ao da madeira[34] .

Lignite.

Quando os detritos vegetais se transformam em turfa, a mesma turfa é decomposta pela ação da temperatura, da pressão e do ataque bacteriano, transformando-se depois em lenhite. Esta tem um teor de humidade inferior ao da turfa. Assim, o poder calorífico da lenhite é também superior ao da turfa. A lenhite é a segunda fase da formação de carvão a partir de detritos vegetais[35] .

Fig.1.2

Sub-betuminoso.

É a terceira fase da formação do carvão a partir de resíduos de plantas. A sua composição é homogénea[36] . Tem um teor de humidade inferior ao da turfa e da lenhite. O seu poder calorífico é mais elevado do que o da turfa e da lenhite. É mais duro e denso do que a turfa e a lenhite[37] .

Fig.1.3

Carvão betuminoso.

É a quarta formação de carvão a partir de detritos vegetais. É o mais comum e em urdu é conhecido como Koela. Tem um teor de humidade inferior ao da turfa, da lenhite e do sub-betuminoso. O seu poder calorífico é mais elevado do que o da turfa, da lenhite e da sub-betuminosa[38] . Arde facilmente com uma chama amarela. A chama também é fumosa. O carvão betuminoso divide-se ainda em subgrupos com base na matéria volátil nele presente[39] . As três fases do carvão betuminoso são o carvão de baixa volatilidade, o carvão de média volatilidade e o carvão de elevada volatilidade[40] .

Fig.1.4

Hulha semi-antracite.

Quando as primeiras quatro fases sofrem novas alterações químicas e físicas, transformam-se em semi-antracite. As propriedades da semi-antracite são intermédias entre a betuminosa e a antracite[41] . É por isso que é conhecida como semi-antracite. Inflama-se mais facilmente do que a antracite. Arde com uma chama que muda de cor de amarelo para azul. O seu poder calorífico é mais elevado do que o da turfa, lenhite, sub-betuminoso, carvão betuminoso e também mais elevado do que o do carvão antracite, devido ao menor teor de hidrogénio da antracite[42] .

Carvão antracite.

Este tipo de carvão é do mais alto nível e mais maduro do que a turfa, a lenhite, o sub-betuminoso, o betuminoso e o semi-antracite. A hulha antracite contém o teor de carbono mais elevado, cerca de 95%. O carvão antracite contém gases pouco voláteis. A antracite produz muito pouco ou nenhum fumo durante a combustão. O carvão antracite tem um valor de aquecimento inferior ao do semi-antracite. Porque contém baixo teor de hidrogénio[43] .

(1.(7) Recursos carboníferos do Paquistão.

De acordo com os recursos de carvão, o Paquistão ocupa a 6.ª posição[th] no ranking mundial do carvão. Inicialmente, as reservas de carvão foram descobertas em Sindh, em Lakhra e Sonda. Mais tarde, no distrito de Tharparkar, em Sindh, foi descoberta uma enorme quantidade de reservas de carvão. Esta descoberta de carvão empurrou o Paquistão para a posição 6th no ranking mundial do carvão. As reservas de carvão encontram-se nas quatro províncias do Paquistão, incluindo Azad Jammu e Caxemira[44] .

(1.(8) Recursos carboníferos de Sindh.

Sindh situa-se no sul do Paquistão. A jazida de carvão em Sindh é quase de lenhite. O carvão encontrado em Sindh encontra-se nas regiões de Thar, Lakhra, Sonda-Jherruch, Meting-Jhimpir, Indus e East Badin. Os recursos totais de carvão de Sindh são de cerca de 184,7 mil milhões de toneladas[45] .

(1.(9) Recursos carboníferos do Baluchistão.

O Baluchistão é uma província quase rica em carvão. O carvão do Baluchistão está classificado de sub-betuminoso a betuminoso. O carvão do Baluchistão encontra-se na região de Soar-Range, Khost,

Sharigh, Harni, Ziarat, Mach, Duki. De acordo com um inquérito, o total de recursos carboníferos do Baluchistão é de cerca de 217,1 milhões de toneladas[45] .

(1.(10) Recursos carboníferos do Punjab.

De acordo com o estudo, o total de recursos de carvão do Punjab é de 235,1 milhões de toneladas. O carvão existente no Punjab é quase sub-betuminoso. O carvão encontrado no Punjab encontra-se nas regiões de Saltrange e Makarwal[46] .

(1.(11) Recursos carboníferos de Khyber Pakhtwan Khaw.

Os recursos carboníferos do KPK ainda não foram totalmente explorados. No entanto, estima-se que o carvão existente em Hangu e Cherat seja de 91,1 milhões de toneladas. O carvão existente em KPK (Charat e Hangu) é quase sub-betuminoso[47] .

(1.(12) Recursos carboníferos de Azad Jammu e Caxemira.

Verifica-se que o total de recursos carboníferos existentes no Azad Jammu e Caxemira é de cerca de 0,061 milhões de toneladas. O carvão encontrado em Kotli é classificado como sub-betuminoso[48] .

(1.(13) Torrefação.

A torrefação é feita quando a biomassa é submetida a uma temperatura de 200 a 300C^0 num forno ou num reator, de modo a destruir a sua estrutura oxigenada, hemicelulose e lenhina e a produzir biochar[49] . Através da torrefação, aumentamos o poder calorífico da biomassa. E também podemos aumentar a hidrofobicidade da biomassa[50] . O biochar resultante produzido pode ser utilizado para fins de gaseificação e também para a produção de gases de síntese[51] . Podemos substituir o carvão em centrais térmicas, processos metalúrgicos e outros por biomassa torrada[52] . O biochar produzido pode ser utilizado para co-combustão com carvão[53] . A utilização de biomassa torrada com carvão para fins de co-combustão reduzirá as emissões de gases com efeito de estufa[54] . Podemos proteger o nosso ambiente das emissões de gases com efeito de estufa. A capacidade de formação de coque da biomassa torrificada é muito baixa[55] . A desvantagem da biomassa para fins de combustão direta é o seu baixo poder calorífico, fraca capacidade de trituração, baixa densidade energética e hidrofilia[56] . Através da torrefação, podemos tornar a biomassa mais homogénea[57] .

(1.(14) Objetivo e finalidade da investigação.

(1) A perda de peso com a temperatura da biomassa (cone triturado de cipreste Lawson).

(2) A perda de peso com a temperatura do carvão betuminoso triturado.

(3) A perda de peso com a temperatura da mistura de carvão e biomassa.

(4) O biochar produzido pode ser utilizado para co-combustão com carvão.

CAPÍTULO 2

REVISÃO DA LITERATURA

(2.(1) Samy sadaka, Mahmoud A, Sharara, Amanda Ashworth, Patrick keyser, Fred Allen e Andrew wright. (Caracterização de biochar a partir da carbonização de switchgrass) 14 de janeiro de 2014.

Trabalham com switchgrass para a produção de biochar. A switchgrass é uma erva perene que foi promovida a culturas de bioenergia de segunda geração. A erva switchgrass em bruto ocupa mais espaço quando é utilizada como biomassa para fins energéticos na central eléctrica e noutros tipos de resíduos. Produzem bio-carvão a partir da erva switchgrass e utilizam-no na central eléctrica como combustível sólido de biochar. A amostra foi carbonizada num reator descontínuo a uma temperatura de 300, 350 e 400°C e o tempo de residência foi de 1, 2 e 3 horas. Verificaram que na biomassa o componente volátil diminui de 82,6% para 35,2% e de 72,1% para 43,9%, respetivamente. Deduzem do seu trabalho experimental que o biochar pode ser considerado como um combustível sólido de alta qualidade.

(2.(2)   aotoo T. Bi. Wei-hasin Chen, Jianghong Peng. (Revista de energias renováveis e sustentáveis) (2015)

Introduzem a torrefação para a bio massa. A torrefação é uma pirólise suave. Aplicaram o processo de torrefação à biomassa para a converter em biochar, a fim de aumentar o seu poder calorífico e a sua hidrofobicidade. Eles aterrorizaram o pellet e discutiram a sua aplicação. O pellet aterrorizado de biomassa pode ser utilizado na gaseificação para a produção de gás de síntese. O pellet aterrorizado é o substituto do carvão em centrais térmicas e em processos metalúrgicos. Tanto o meio académico como a indústria da bioenergia têm um grande interesse na torrefação e densificação. A perda de peso é função da temperatura, do tamanho das partículas e do tempo. O custo global do pellet aterrorizado pode ser inferior ao do pellet normal. A remoção do componente volátil oxigenado da biomassa resulta na melhoria da gaseificação.

(2.(3) B. Batidziria, A.P.R. Mignot. W.B. Schakel, H.M. Junginger. A.P.C. Faaij. (Tecnologia de torrefação de biomassa: estado técnico-económico e perspectivas futuras) dezembro de 2013.

Trabalham na torreficação da madeira. Produzem pellets torrificados e concluíram que o pellet torrificado é mais competitivo do que o pellet tradicional. Apreciam a biomassa lenhosa com eficiência térmica e de massa. Determinam o fator através da análise do balanço de massa e energia. A biomassa lenhosa foi aterrada com uma eficiência térmica e de massa de 94% e 48%. Também aterrorizaram a biomassa de palha com eficiência térmica e de massa de 96% e eficiência de massa de 65%. Depois disso, definiram a vantagem da torrificação. Após a torrificação, a biomassa lenhosa pode tornar-se mais homogénea, totalmente hidroscópica e o produto torna-se mais estável.

(2.(4) Daya Ram Nhuchh, Prabir Basu e Bishnu Acharya. (Torrificação de choupo em duas fases contínuas, torrificador rotativo aquecido indiretamente). (2016)

No seu trabalho, descrevem que a biomassa é a alternativa aos combustíveis fósseis. No entanto, existem algumas limitações da biomassa: o seu elevado teor de humidade, baixa densidade energética, hidrofilia e a sua natureza fibrosa. Devido a este comportamento indesejável da biomassa, a sua utilização é limitada. Podemos eliminar estas limitações da biomassa através do pré-tratamento da biomassa. O processo pelo qual podemos remover as limitações da biomassa acima mencionadas é a torreficação. Através deste método, podemos tornar a biomassa hidrofóbica, mais densa em termos energéticos e fácil de triturar. A biomassa é torrada em dois estágios contínuos, num torrificador rotativo indiretamente aquecido e num reator rotativo. Fazem rodar o reator rotativo a diferentes velocidades angulares. Também proporcionam diferentes inclinações e temperaturas. Depois de tudo isto, produzem um produto sólido aterrorizado a partir da biomassa de choupo. Os seus resultados experimentais mostraram que a temperatura tem mais efeito do que a velocidade angular e a inclinação.320C° , 4rpm, e 1^0 carbono fixo foi aterrorizado o aumento da energia com a variação da temperatura com o tempo foi de 8,9%.

(2.(5) (Empresa francesa de torrefação orientada para a América do Norte) (2010).

A empresa de engenharia francesa Therma está a tentar introduzir a tecnologia de torrefação rápida na América do Norte. A Therma estava a tentar introduzir a tecnologia de torrefação rápida na América do Norte. A Therma foi criada em 2002 e a TORSPYED começou em 1994.

O criador do TORSPYED foi Jeans-s Bastien Hery. TORSPYD estava a trabalhar no pré-tratamento da biomassa. A primeira unidade piloto foi construída em 2007. A Therma assinou o primeiro acordo em 2009 com a empresa espanhola IDEMA. Na altura, o porta-voz da Therma era Jean Christope Labostugue. Ele disse que nos foi fornecida uma licença e que a licença nos dá o direito de construir uma unidade de torrefação. A tecnologia de torrefação baseava-se na tecnologia TORSPYD. Em seguida, a Therma descreveu o processo completo de torrefação. Descrevem que o processo de torrefação é um tratamento térmico suave da biomassa. A temperatura para a torrefação era de 240 graus Celsius ou 464 graus Fahrenheit. O processo de torrefação da Therma baseia-se na circulação contínua de ar e o ar move-se em direção oposta. O porta-voz da Therma descreve o processo de torrefação como sendo a reação de desidratação e despolimerização da biomassa, que, com o fluxo de ar quente e a temperatura, é denominada pela Therma como bio-carvão. A capacidade da unidade desenvolvida pela Therma para a torrefação variava entre 100 e 5000 quilogramas por hora e operava

8000 horas de produção por ano. A unidade TORSPYD para torrefação está em construção e estará operacional num futuro próximo.

(2.(6) Mark J. Prins. Krzysztof J. Ptasinaski. Frans J.J.G. Janssen. (Gaseificação de biomassa mais eficiente através de torrefação) (2006).

Definem a temperatura para a torreficação. A temperatura para a torreficação varia entre 230 C^0 e 300C^0 . A essa temperatura, a estrutura hemicelulósica da madeira decompõe-se e, como resultado, forma-se madeira aterrorizada e gases voláteis. A biomassa pode ser utilizada no processo de gaseificação se a pré-tratarmos através da torrificação. Realizaram experiências de balanço de massa e energia a 230C^0 E 300C^0 . Compararam três conceitos. Gaseificação por sopro de ar de madeira aterrada (950C^0). Gaseificação de madeira aterrada por sopro de oxigénio. (1200C^0) e gaseificação de madeira por sopro de ar. Efectuam os três processos à pressão atmosférica normal. Deduzem que a eficiência energética da gaseificação por sopro de ar da madeira torrificada foi menor.

(2.(7) Juni Li, Artur Brzdekiewicz Weihong yang, Wlodzimierz, Blasiak. (Cofiring baseado na torrefação de bio massa numa caldeira de carvão pulverizado com o objetivo de 100% de mudança de combustível). (2012).

Trabalham na torrefação da biomassa juntamente com o carvão. Comparam a biomassa aterrorizada com o carvão e deduzem que a biomassa está próxima do carvão betuminoso. A biomassa aterrorizada possui alta densidade energética, boa moabilidade, alta capacidade de fluxo e uniformidade. Trabalham na co-utilização do carvão e da biomassa aterrorizada na caldeira. Fazem cinco rácios diferentes de carvão e biomassa aterrorizada. Pegam em 75% de carvão e misturam-no com 25% de biomassa aterrorizada e substituem o carvão pulverizado por esse rácio, anotam o resultado e comparam-no com o carvão pulverizado. Mais uma vez, pegam em 50% de carvão e misturam-no com 50% de biomassa aterrorizada e também anotam o resultado. Pegam em 75% de biomassa aterrorizada e misturam-na com 25% de carvão e também anotam o resultado. A massa biológica aterrorizada é misturada a 100% com 0% de carvão. O estudo de caso mostra que a caldeira de carvão pulverizado pode ser queimada com 100% de biomassa aterrorizada. Quando utilizam 100% de biomassa aterrorizada, não há diminuição da eficiência da caldeira. Na biomassa aterrorizada, a emissão de CO2 e NOx também é reduzida em comparação com a biomassa não aterrorizada.

(2.(8) B. Arias, C. Pevida, J. Fermoso, M.G. Plaza (influência da torrefação na capacidade de trituração e reatividade da biomassa lenhosa). (2007).

Trabalham na torrefação da biomassa lenhosa de eucalipto com o objetivo de melhorar as propriedades para o sistema pulverizado. Aquecem a biomassa lenhosa de eucalipto a (240, 260, 280 C0) numa atmosfera inerte. Comparam a moabilidade da biomassa crua e da amostra torrificada, tendo-se verificado um aumento proeminente na moabilidade da biomassa torrificada. A moabilidade da biomassa torrificada foi inferior à da biomassa lenhosa em bruto. Também compararam a análise termogravimétrica para estudar a sua reatividade na atmosfera. A DTG da massa torrificada apresentou um pico duplo. Declararam que a torreficação influenciou a primeira fase do pico, enquanto a segunda fase do pico não foi afetada.

(2.(9) M.J.C. Vander Stelt, H. Gerhausrer, J.H.A. Kiel, K.J. Ptasinski. (Atualização da biomassa por torrefação para a produção de biocombustível). (2011).

Quando a biomassa é convertida termicamente a uma temperatura entre 200-300 graus Celsius, o processo é chamado de torrefação e, como resultado, é produzido bio-carvão. Através da torrefação, podemos produzir biocombustível sólido de alta qualidade, que pode ser utilizado no processo de combustão direta e também no processo de gaseificação para a produção de gases de escape. Descrevem as características da torrefação e a história da torrefação. Descrevem que, neste processo, o teor de oxigénio foi removido e a hemicelulose é destruída pelo calor. Descrevem diferentes condições de reação para a torrefação, mas as principais condições são a temperatura, a atmosfera inerte e o tempo de reação. Descrevem também o potencial económico da torrefação.

(2.(10) Manunya Phanphanich, Sundhaga Mani. (Impacto da torrificação na capacidade de trituração e nas características de combustível da biomassa florestal). (2010).

Através do tratamento térmico da biomassa, podemos produzir combustível sólido de biomassa para o processo de combustão e também para fins de co-combustão. As aparas de pinheiro aterrado e os resíduos de exploração madeireira a uma temperatura de 225 a 300 graus Celsius. O tempo de residência para esse processo foi de 30 minutos. Determinam a energia necessária para a trituração da biomassa aterrada. Chegaram à conclusão de que a energia necessária para a moagem da biomassa torrificada era menor. A energia de moagem para a biomassa torrificada foi de 24kw h\t a 300 C° . O valor de aquecimento da biomassa torrificada aumenta com o aumento da temperatura de torrefação. A torrefação da biomassa tem características de biomassa próximas do carvão de combustíveis fósseis.

(2.(11) Richard B. Bates, Ahmed F. Ghoniem. (Torrefação de biomassa, modelação da cinética de evolução de produtos voláteis e sólidos). (2012).

Desenvolvem o modelo cinético para a evolução dos produtos voláteis e sólidos da biomassa lenhosa. A biomassa lenhosa torrificada a uma temperatura entre 200 e 300 graus Celsius. Os seus resultados mostram que, na primeira fase, a maioria das espécies que contêm oxigénio na biomassa, como a água e o dióxido de carbono, são libertadas da biomassa e, na segunda fase, os seus resultados mostram que os voláteis são principalmente ácido lático, metanol e ácido acético. O seu modelo cinético descreve o balanço energético da reação e a dinâmica da libertação de calor.

(2.(12) P. Rousset, L. Macedo, J.M Commandre, A. Moreira. (Torrefação de biomassa sob diferentes concentrações de oxigénio e seu efeito na composição do subproduto sólido). (2013).

No seu trabalho de investigação, mencionam que a torrefação é o tratamento termoquímico da biomassa a uma temperatura entre 200 e 300 graus Celsius. Mencionam também no seu trabalho de investigação que a torrefação tem lugar à pressão atmosférica normal e utilizam a palavra "mínimo" para as necessidades de oxigénio na torrefação, a fim de evitar a combustão. Avaliaram o efeito da temperatura e da concentração de oxigénio (2, 6, 10 e 21%) nas propriedades físicas e químicas da biomassa lenhosa de Eucalyptus grandis. A baixa temperatura a concentração de oxigénio não afecta a composição da biomassa lenhosa de Eucalyptes grandus. Mas a altas temperaturas (280 C^0) a concentração de oxigénio afecta algumas das propriedades da biomassa lenhosa.

(2.(13) Alok Dhungana. Animesh Dutta. Prahir Basu. (Torrefação de resíduos de biomassa não lignocelulósica). (2014).

Trabalham com alguma biomassa não-lignocelulósica para examinar se o processo de torrefação é benéfico ou não para a biomassa residual não-lignocelulósica. Realizam experiências com cama de galinha, lesma digerida e lesma não digerida. Recolheram esse produto num município do Canadá. Estudam dois parâmetros importantes da torrefação: a temperatura e o tempo de residência. Fornecem as mesmas condições para os produtos de lignocelulose. Tomam três produtos lignocelulósicos como referência para os não lignocelulósicos. Os produtos lignocelulósicos foram o capim Switch, a casca de café e o pellet de madeira, no mesmo aparelho. Mostraram que, apesar da grande diferença, o comportamento de torrefação da lenhinocelulose e da não-lenhinocelulose era semelhante até certo ponto. O seu trabalho de investigação visa a produção de pellets compostos de resíduos de lignocelulose.

(2.(14) Jun Li, Giorgio Bonvicini, Leonardo Tognotti, Weihong Yang, Wlodzimierz Blasiak. (Desvolatilização rápida de biomassa a alta temperatura com diferentes graus de torrefação). (2014).

Para converter a biomassa em biocarvão, a biomassa necessita de um pré-tratamento, que consiste numa pirólise a uma temperatura de 200 a 300C^0 chamada torrefação. O carvão como combustível produzido através da torrefação da biomassa pode ser co-queimado com carvão em fornos de co-queima. Neste trabalho de investigação, foi efectuada a desvolatilização de três amostras de biomassa torrificada e comparada com a amostra-mãe da mesma biomassa. As amostras foram testadas num reator térmico de fluxo de tampão. O reator de fluxo de tampão tem a capacidade de aquecer rapidamente a amostra até 1400CO. De acordo com os seus resultados experimentais, verificou-se que a biomassa diminui a sua reatividade através da torrefação. À medida que aumentamos a temperatura de torrefação, a reatividade da biomassa diminui. A devolatilização da biomassa através da torrefação liberta primeiro Co e H2.

(2.(15) Samy Sadaka e Sunita Negi. (2009).

Descrevem o objetivo do seu trabalho de investigação, que consiste em melhorar as propriedades físicas e químicas da biomassa lenhosa através da torrefação. Recolhem vários tipos de matéria-prima de biomassa, como palhinhas e descaroçadores de algodão. Descrevem que, na torrefação, fornecemos uma temperatura moderada que varia entre 200 e 300 C0 numa atmosfera inerte. Sob esta temperatura, a biomassa sofre alterações físicas e químicas. Eles preparam vários lotes de palha de trigo, palha de arroz e descaroçador de algodão e fornecem uma temperatura de cerca de 260 C^0 . O tempo de residência para isso foi de 0, 15, 30, 45 e 60 minutos. O seu sistema de torrefação em lote foi localizado no laboratório de bioenergia, em Estugarda, A, R. Realizaram outra experiência no mesmo laboratório com palha de trigo, palha de arroz e descaroçador de algodão. A temperatura de torrefação foi de (200, 260 e 315 C^0). O tempo de residência foi de 60, 120 e 180 minutos. Estudam as propriedades físicas e químicas da palha de trigo, da palha de arroz e do descaroçador de algodão. O tempo de residência foi novamente de 60, 120 e 180 minutos e a temperatura de 260 °C apenas. Na palha de trigo, o teor de humidade reduziu-se em 70,5%, na palha de arroz o teor de humidade reduziu-se em 49,4% e no descaroçador de algodão o teor de humidade reduziu-se em 48,6%. O aumento do poder calorífico da palha de trigo foi de 15,3%. O aumento do valor calorífico da palha de arroz foi de 16,9% e o valor calorífico do descaroçador de algodão foi de 6,3%. Mostraram que a palha de arroz registava a maior perda de peso, 30,7%, e que o parâmetro de torrefação era idêntico ao da palha de trigo e do descaroçador de algodão. Realizaram uma segunda experiência em que, quando aumentaram o tempo de residência e a temperatura se manteve constante, não se registou uma perda de peso significativa. Mas quando se aumenta a temperatura de torrefação, verifica-se uma perda de peso significativa e um aumento do poder calorífico.

CAPÍTULO 3

MATERIAL E METODOLOGIA

(3.(1) INTRODUÇÃO.

A experiência de trabalho de investigação foi realizada no laboratório de trabalho geral (Departamento de Engenharia Química BUITEMS Quetta) e no laboratório de química (BUITEMS Quetta).

A matéria-prima (carvão e biomassa) é retirada de Sharegh (Baluchistão Paquistão) e a biomassa é recolhida em BUITEMS Quetta Baluchistão Paquistão. O carvão é de vários graus, mas como Sharigh é rico em carvão betuminoso, o carvão betuminoso é selecionado neste projeto. A biomassa selecionada é constituída por cones de cipreste Lawson. Os pormenores são apresentados no capítulo de introdução.

(3.(2) EQUIPAMENTOS UTILIZADOS.

O equipamento utilizado neste projeto é mencionado abaixo.

(a) Moinho de martelos. (b) Agitador de peneiras. (c) Balança eletrónica. (d) Forno de mufla.

(3.2.(1) Moinho de martelos.

O moinho de martelos é utilizado para moer carvão (betuminoso) e biomassa (cones de cipreste Lawson). O moinho de martelos é utilizado neste projeto de final de ano tanto para o carvão como para a biomassa porque, devido ao impacto e à ação de cisalhamento, é útil tanto para materiais frágeis como para materiais fibrosos. O moinho de martelos possui um disco rotativo fixo ao qual estão ligadas seis barras de martelo. O martelo e o disco rotativo são cobertos por um invólucro circular metálico. As placas do martelo são fixadas no interior do invólucro circular de metal. O material é alimentado na tremonha. A tremonha é fixada no topo do moinho de martelos. Primeiro, o carvão é colocado na tremonha. Em seguida, liga-se a alimentação eléctrica do moinho de martelos. O tempo de trituração do carvão foi de 36 minutos. Depois disso, o moinho de martelos foi cuidadosamente limpo para que os detritos de carvão que estão presos no interior do invólucro circular do moinho não se misturem com a biomassa. Os cones do cipreste de Lawson foram então colocados na tremonha do moinho de martelos. O tempo de trituração da biomassa foi de 60 minutos. O material é expelido centrifugamente e é esmagado pela ação de barras de martelo e placas de quebra fixadas à volta da caixa metálica circular.

(3.2.(2) Peneira.

(a) Crivo de malha metálica tecida. (b) Peneiro de placa perfurada. (c) Peneiro de padrão americano.

"

O crivo selecionado neste projeto é um crivo de malha metálica tecida.

Fig.3.1

Os crivos têm vários números de malha, mas neste projeto a série de crivos selecionada baseou-se na gama de partículas da amostra. Os crivos são também conhecidos como peneiras. Após a trituração do carvão, pesamos o carvão triturado através de uma balança eletrónica. O peso total do carvão triturado é de 300 gramas. De seguida, colocamos os 300 gramas de carvão triturado no peneiro e fixamos o peneiro no agitador de peneiras. O número de malha da peneira selecionada foi de 20 mm. A peneira de 20 mm de malha foi fixada no agitador de peneiras e, abaixo da peneira no agitador de peneiras, fixamos o tabuleiro de recolha. O tabuleiro de recolha é um tabuleiro feito de aço inoxidável. Que recolhe todos os tipos de partículas finas do peneiro. O tabuleiro de recolha não permite que qualquer tipo de partícula fina passe através dele. O tempo total de peneiração do carvão foi de cerca de 15 minutos. Após 15 minutos de peneiração, obtém-se um tamanho de partícula de 20 milímetros no tabuleiro de recolha. Antes da peneiração, o peso das partículas de carvão era de 300 gramas e, após a peneiração, pesamos novamente as partículas da peneira através de uma balança eletrónica, obtendo-se 249 gramas. O carvão foi então conservado numa caixa de polietileno para ser processado posteriormente. Do mesmo modo, os cones de Lawson Cypress foram esmagados. O tempo de trituração dos cones foi de cerca de 30 minutos. A massa dos cones triturados foi pesada numa balança eletrónica. O peso total de cones esmagados foi de 400 gramas. Da mesma forma, foi efectuado o processo de peneiração da massa triturada dos cones. O número de malha selecionado para a massa dos cones foi de 20 milímetros. O tempo de peneiração da massa do cone foi de 55 minutos. O tempo de peneiração da massa de cones foi superior ao da massa de carvão porque a massa de cones triturados contém fibras. Após a peneiração, pesamos as partículas da peneira através de uma balança eletrónica e o resultado foi 245 gramas de malha de 20 milímetros.

(3.2.(3) Agitador de peneiras.

Utilizamos o agitador de peneiras para a distribuição do tamanho das partículas, a fim de separar as partículas finas das grossas através da peneiração. O agitador de peneiras é composto por uma base, uma fonte de alimentação e um berço. Como mostrado no diagrama a seguir.

Fig.3.2.

(3.2.(4) Balança eletrónica.

Para estabelecer a relação entre o carvão e a biomassa, utilizamos uma balança eletrónica de laboratório. A balança eletrónica tem um visor digital. Mede o peso em gramas. Como mostra o diagrama seguinte.

Fig.3.3

(3.2.(5) Forno.

O forno é um dispositivo que converte a energia eléctrica ou a energia química em energia térmica, a fim de aumentar a temperatura do material. O forno é um tipo de forno, mas funciona a baixa temperatura. A nível industrial, utilizamos o forno para altas temperaturas. Na indústria cerâmica, o nome alternativo de forno é Kilns.

Classificação dos fornos.

(a) Forno de tipo descontínuo. (b) Forno de tipo contínuo. (c) Forno de aquecimento direto. (d) Forno de aquecimento indireto. (e) Forno de cadinho. (f) Forno de coração aberto. (g) Alto-forno. (h) Forno de sopro lateral. (i) Forno de sopro superior. (j) Forno de mufla. (K) Forno de reaquecimento. (l) Forno de recozimento.

Eficiência do forno.

A eficiência do forno depende principalmente da temperatura da chama, do rácio ar/gás, da estrutura do forno, do nível de isolamento, da radiação que perde do forno e do método adquirido para o funcionamento do forno.

(3.2.(6) Forno de mufla.

No forno de mufla, a parede da câmara é extremamente aquecida, de modo a que o material ou a carga não tenham contacto direto com a chama. O forno de mufla é como um forno tipo caixa. O forno de mufla é mais compacto e é por isso que o utilizamos a nível laboratorial. A mufla cria uma atmosfera de temperatura extremamente elevada. O forno de mufla testa as características dos materiais, uma vez que cria uma temperatura extremamente elevada e uma temperatura mais exacta. O forno de mufla é também conhecido como forno de retorta. O forno é como um equipamento do tipo forno. Este tipo de forno pode atingir temperaturas elevadas. O princípio de funcionamento do forno de mufla consiste em colocar uma bobina de aquecimento de alta temperatura num material isolado. O forno de mufla pode ser aquecido até à temperatura desejada por condução, convecção e radiação de corpo negro[58] . A radiação do corpo negro provém dos elementos de aquecimento. Utilizamos a mufla para queimar os compostos orgânicos do carvão e da mistura de biomassa. Para encontrar a relação entre a perda de peso e a temperatura. À medida que aumentamos a temperatura, o peso diminui. A mufla queimará todos os compostos orgânicos contidos na mistura de carvão e biomassa[59] . A mufla testa as características dos materiais .[60]

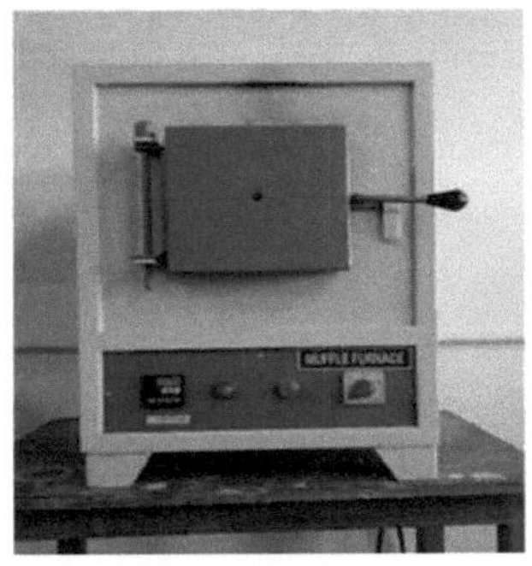

Fig.3.4
(3.(3) Preparação da proporção de carvão e biomassa.

(1) Mistura de 100% de carvão com 0% de côncavos de escova Lawsoncypress   .

(2) Mistura de 75% de carvão com 25% de côncavos de escova Lawsoncypress   .

(3) Mistura de 50% de carvão com 50% de côncavos de escovas Lawsoncypress   .

(4) Mistura de 25% de carvão com 75% de côncavos de escovas Lawsoncypress   .

(5) 0% de mistura de carvão com 100% de côncavos de escovas Lawsoncypress   .

(3.3.(1) 100% de mistura de carvão com 0% de cones esmagados de cipreste Lawson.

O carvão betuminoso foi primeiro triturado com um moinho de martelos. O carvão triturado foi depois peneirado através de um crivo de arame tecido. O tamanho de partícula escolhido foi de 20 mm. Utilizando uma balança eletrónica digital de laboratório, pesamos o carvão e a partícula de 20 mm de carvão triturado foi considerada 100% em peso. Preparamos carvão 100% puro para o processo seguinte.

(3.3.(2) 75% de mistura de carvão com 25% de cones esmagados de cipreste Lawson.

O carvão betuminoso triturado foi retirado e peneirado com uma peneira de malha de arame tecido. Conseguimos obter um tamanho de partícula de 20 mm. Do mesmo modo, os cones de cipreste Lawson foram triturados com um moinho de martelos. Em seguida, a massa de cones triturados foi peneirada com um crivo de rede metálica. O tamanho de partícula de 20 mm do cipreste de Lawson foi alcançado. Utilizando uma balança digital eletrónica de laboratório, pesámos 25% dos cones de cipreste Lawson triturados. Também pesamos o carvão betuminoso triturado com a mesma balança e obtemos 75% do peso do carvão. Utilizando um misturador de laboratório, misturamos 75% de carvão e 25% de cones de cipreste Lawson triturados com partículas de 20 mm de tamanho, tanto de carvão como de cones. Depois misturámos tudo muito bem. A mistura a 100% foi então preparada para o processo seguinte.

(3.3.(3) 50% de mistura de carvão com 50% de cones esmagados de cipreste Lawson.

O carvão betuminoso recolhido foi triturado num moinho de martelos. O carvão triturado foi peneirado com uma peneira de malha metálica. O tamanho das partículas de 20 mm foi obtido por peneiração. Do mesmo modo, os cones foram triturados e peneirados com um moinho de martelos e um crivo de rede metálica. Obteve-se um tamanho de partícula de 20 mm tanto para o carvão como para os cones. Utilizando uma balança eletrónica de laboratório, pesámos o carvão e os cones. Em seguida, misturámos 50% de carvão triturado com partículas de 20 mm com 50% de cones triturados com partículas de 20 mm. Utilizámos um misturador de laboratório para misturar ambos.

(3.3.(4) 25% de mistura de carvão com 75% de cones esmagados de cipreste Lawson.

Agora alteramos a percentagem de peso do carvão betuminoso e dos cones de cipreste de Lawson. Aumentamos a percentagem de peso dos cones de cipreste Lawson e diminuímos a percentagem de peso do carvão betuminoso. O carvão triturado foi peneirado de modo a manter uma dimensão de partícula de 20 mm e, em seguida, pesamo-lo de modo a preparar 25% do peso do carvão. Mantemos o mesmo tamanho de partícula (20 mm) para o carvão. Da mesma forma, pegamos nos cones de cipreste Lawson esmagados. Peneiramo-los utilizando um crivo de rede metálica para manter o tamanho das partículas (20 mm). Através de uma balança eletrónica de laboratório, pesamos os cones triturados e obtemos 75%. Em seguida, misturamo-los cuidadosamente com um misturador de laboratório. E preparamos 100% da mistura para o processo posterior.

(3.3.(5) 0% de mistura de carvão com 100% de cones esmagados de cipreste Lawson.

Omitimos a percentagem de peso de carvão betuminoso dos cones de cipreste Lawson. Triturámos os cones de cipreste Lawson num moinho de martelos e depois peneirámo-los para manter o tamanho das partículas (20 mm). Em seguida, pesamo-lo utilizando uma balança eléctrica e 100% da massa de cones de cipreste Lawson triturados foi utilizada para o processo posterior.

CAPÍTULO 4

RESULTADOS E EXPERIÊNCIAS.

(4.1) Experiência n.º 1 Procedimento

100% de mistura de carvão com 0% de cones esmagados de cipreste Lawson.

Pesámos a amostra de carvão com uma balança eletrónica e retirámos 20 gramas para tratamento térmico posterior na mufla para produzir carvão vegetal. Primeiro, a temperatura da mufla era de 00C e o peso era de 20 gramas. Ligar a alimentação eléctrica da mufla e a temperatura começa a aumentar. Fixa-se a temperatura a 200C e o tempo de permanência é de 15 minutos. Retirar a amostra do forno e medir o peso da amostra, que diminui para 19,31 gramas. A 400C o tempo de permanência foi de 30 minutos. Depois de retirarmos a amostra do forno e medirmos o seu peso, este diminui para 18,73 gramas. A 60 0C, o tempo de permanência foi de 45 minutos e o peso diminuiu para 17,53 gramas.a100 0C, o tempo de residência foi de 75 minutos e o peso   de a1200C   , o tempo de residência foi de 90 minutos e o peso deA 140 °C, o tempo de residência foi de 105   minutos e o seu peso diminuiu para 14,53 gramas. A 160°C o tempo de permanência foi de 120 minutos e o seu peso diminuiu para 13,7 gramas. A 180 °C o tempo de residência foi de 135 minutos e o seu peso diminuiu para 12,11 gramas. A 2000C o tempo de residência foi de 150 minutos e o seu peso diminuiu para 11,53 gramas . A 2200C o tempo de residência foi de 165 minutos e o seu peso diminuiu para 11,07 gramas . A 240 0C o tempo de residência foi de 180 minutos e o seu peso diminuiu para 10,53 gramas. A 260^0 C o tempo de residência foi de 195 minutos e o peso diminuiu para 9,12 gramas. A 280^0 C o tempo de residência foi de 210 minutos e o seu peso diminuiu para 8,72 gramas. Da mesma forma, a 300^0 C, quando o tempo de permanência foi de 225 minutos, apareceu uma cor preta brilhante com um peso de 7,91 gramas.

(4.1.1) Quadro da experiência n.º 1.

Temperatura (°C)	Tempo de residência (minutos)	Peso (grama)
0	0	20
20	15	19.13
40	30	18.73
60	45	17.53
80	60	16.66

100	75	16.03
120	90	15.71
140	105	14.53
160	120	13.72
180	135	12.11
200	150	11.53
220	165	11.07
240	180	10.53
260	195	9.12
280	210	8.72
300	225	7.91

Quadro.(4.1)

(4.1.(2) Experiência n.º 1 Gráfico.

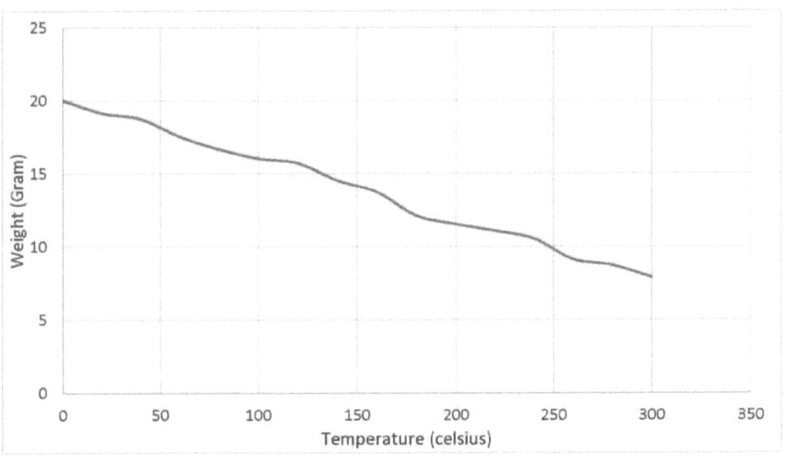

Gráfico.(4.1)

(4.1.(3) Experiência n.º 1 Resultado.

A 300^0 C, o tempo de permanência foi de 225 minutos, surgindo uma cor negra brilhante com um peso de 7,91 gramas. O carvão produzido tem uma maior quantidade de carbono fixo.

(4.2) Procedimento da experiência n.º 2.
0% de mistura de carvão com 100% de cones esmagados de cipreste Lawson.

Colocámos biomassa pura numa mufla. Primeiro a temperatura foi de 0^0 C e o peso foi de 20 gramas.

Em seguida, ligamos a alimentação eléctrica da mufla. A temperatura começou a aumentar quando chegou a 20^0 C e o tempo de permanência foi de 15 minutos. Depois de retirar a amostra, o seu peso foi reduzido para 19,78 gramas. Em seguida, anotamos o peso e colocamos novamente os 19,78 gramas no forno. Aumentar a temperatura até 40^0 C, o tempo de permanência foi de 30 minutos. Retirar a amostra e pesá-la. O seu peso diminui para 18 gramas. A 60^0 C o tempo de permanência foi de 45 minutos e o peso diminuiu para 16,82 gramas. A 80^0 C. o tempo de permanência foi de 60 minutos e o peso diminuiu para 12,66 gramas. A 100^0 C, o tempo de residência foi de 75 minutos e o peso diminuiu para 10,72 gramas. A 120^0 C o tempo de residência foi de 90 minutos e o peso diminuiu para 9,38 gramas. A 140^0 C, o tempo de residência foi de 140 minutos e o peso diminuiu para 8,50 gramas. A 160^0 C, o tempo de residência foi de 120 minutos e o peso diminuiu para 8,14 gramas. A 180^0 C, o tempo de permanência foi de 240 minutos e o peso diminuiu para 7,69 gramas. A 200^0 C, o tempo de residência foi de 150 minutos e o peso diminuiu para 7,44 gramas. A 220^0 C, o tempo de permanência foi de 165 minutos e o peso diminuiu para 7,31 gramas. A 240^0 C, o tempo de residência foi de 180 minutos e o peso diminuiu para 7,13 gramas. A 260^0 C, o tempo de permanência foi de 190 minutos e o peso diminuiu para 6,93 gramas. A 280^0 C, o tempo de permanência foi de 210 minutos e o peso diminuiu para 6,83 gramas. A 300^0 C, quando o tempo de permanência foi de 225 minutos, apareceu uma cor negra com um peso de 6,70 gramas.

(4.2.1) Experiência n.º 2 Tabela.

Temperatura(oc)	Tempo de residência (minutos)	Peso (grama)
0	0	20
20	15	19.78
40	30	18.00
60	45	16.82
80	60	12.66
100	75	10.72
120	90	9.38
140	105	8.50
160	120	8.14
180	135	7.69
200	150	7.44
220	165	7.31

240	180	7.13
260	195	6.93
280	210	6.83
300	225	6.70

Tabela. (4.2)

(4.2.(2) Experiência n.º 2 Gráfico.

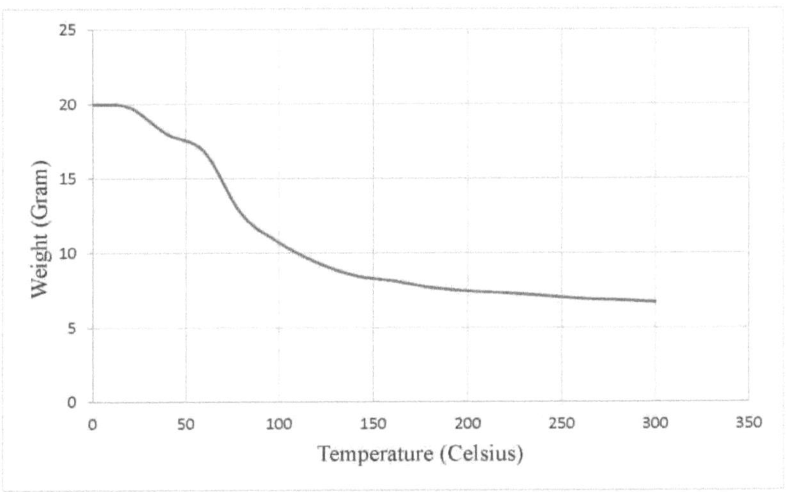

Gráfico.(4.2)

(4.2.(3) Resultado da experiência n.º 2.

A 300^0 C, quando o tempo de permanência foi de 225 minutos, o peso reduziu-se para 6,70 gramas. A perda de peso é maior do que a do carvão. A biomassa tem baixo teor de carbono fixo. A diferença é de 1,21g.

(4.3) Procedimento da experiência n.º 3.
75% de mistura de carvão com 25% de cones esmagados de cipreste Lawson.

Primeiro, determinamos separadamente a perda de peso com a temperatura do carvão triturado e da biomassa. Em seguida, fazemos a proporção entre o cone triturado do cipreste de Lawson e o carvão betuminoso triturado. Misturamo-los bem e retiramos 20 gramas para o tratamento térmico posterior. A 0^0 C, o peso da amostra era de 20 gramas. Ligamos a alimentação eléctrica do forno e a temperatura começa a aumentar. A 20^0 C, quando o tempo de permanência é de 15 minutos, o peso da amostra diminui para 19,31 gramas. A 40^0 C, quando o tempo de permanência foi de 30 minutos, o peso diminuiu para 18,73 gramas. A 60^0 C, quando o tempo de permanência foi de 45 minutos, o peso diminuiu para 17,00 gramas. A 80^0 C, o tempo de permanência foi de 60 minutos e o peso diminuiu para 15,13 gramas. A 100^0 C, o tempo de permanência foi de 75 minutos e o peso diminuiu para 14,72 gramas. A 120^0 C, quando o tempo de permanência foi de 90 minutos, o peso diminuiu para 13,99 gramas. A 140^0 C, quando o tempo de residência foi de 105 minutos, o peso diminuiu para 12, 99 gramas. A 160^0 C, o tempo de residência foi de 120 minutes and thepeso diminuiu para ,At A 180C ^{0}o permanência tempo de wasfoi de 135 minutos e o 1173 g. A 200C ^{0}o de permanência foi de tempo 150 minutos e o peso diminuiu para 10 ,11 g. A 220C ^{0}o de permanência foi de tempo 165 minutos e o peso diminuiu para 9,78 g. A 240^0 C o tempo de residência foi de 175 minutos e o peso diminuiu para 9,09 gramas. A 260^0 C, o tempo de permanência foi de 195 minutos e o peso diminuiu para 8,89 gramas. A 280^0 C, o tempo de permanência foi de 210 minutos e o peso diminuiu para 8,41 gramas. A 300^0 C, o tempo de permanência no forno foi de 225 minutos e o peso diminuiu para 8,01 gramas.

(4.3.1) Experiência n.º 3 Tabela.

Temperatura(OC)	Tempo de residência (minutos)	Peso (grama)
0	0	20
20	15	19.31
40	30	18.73
60	45	17.00
80	60	15.13
100	75	14.72
120	90	13.99
140	105	12.99
160	120	12.02
180	135	11.73
200	150	10.11
220	165	9.78
240	180	9.09
260	195	8.89
280	210	8.41
300	225	8.01

Quadro.(4.3)

(4.3.(2) Experiência n.º 3 Gráfico.

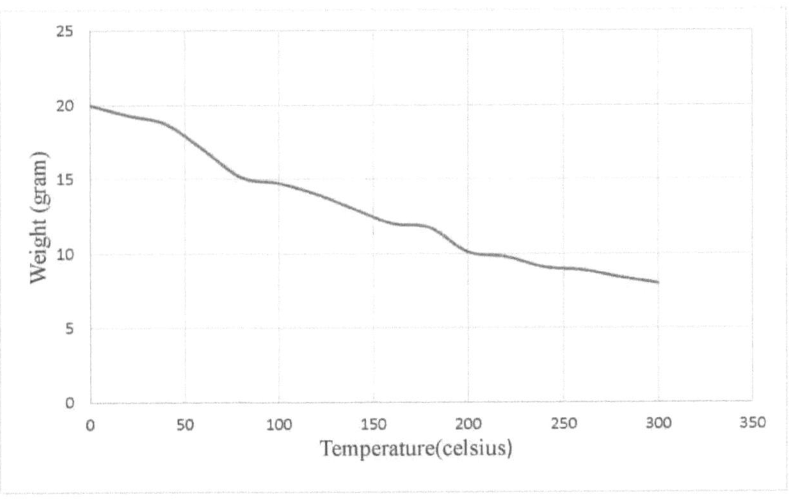

Gráfico.(4.3)

(4.3.(3) Resultado da experiência n.º 3.

Como a amostra contém 75% de carvão e 25% de biomassa, o peso reduz-se para 8,01 gramas a 300^0 C quando o tempo de residência é de 225 minutos. O 100% de carvão puro quando aquecido em mufla a 300^0 C e tempo de residência225 minutos o peso foi de 7,91 gramas.

(4.4) Procedimento da experiência n.º 4.
25% de mistura de carvão com 75% de cones esmagados de cipreste Lawson.

Foi retirada uma amostra de 20 gramas da mistura contendo 25% de carvão e 75% de biomassa. A mistura foi então colocada na mufla. A 20^0 C, quando o tempo de permanência foi de 15 minutos, o peso diminuiu para 19,57 gramas. A 40^0 C, quando o tempo de permanência foi de 30 minutos, o peso diminuiu para 19,14 gramas. A 60^0 C, quando o tempo de residência foi de 45 minutos, o peso diminuiu para 18,40 gramas. A 80^0 C, quando o tempo de permanência foi de 60 minutos, o seu peso diminuiu para 16,71 gramas. A 100^0 C, quando o tempo de permanência foi de 75 minutos, o peso diminuiu para 15,03 gramas. A 120^0 C, quando o tempo de residência foi de 90 minutos, o peso diminuiu para 14,79 gramas. A 140^0 C, quando o tempo de residência foi de 105 minutos, o seu peso diminuiu para 13,55 gramas. A 160^0 C, quando o tempo de residência foi de 120 minutos, o seu peso diminuiu para 12,73 gramas. A 180^0 C, quando o tempo de permanência da amostra no forno foi de 135 minutos, o seu peso diminuiu para 12,38 gramas. A 200^0 C, quando o tempo de permanência foi de 150 minutos, o peso diminuiu para 11,10 gramas. A 220^0 C, quando o tempo de permanência foi de 165 minutos, o peso diminuiu para 9,33 gramas. A 240^0 C, quando o tempo de residência foi de 180 minutos, o peso diminuiu para 8,69 gramas. A 260^0 C, quando o tempo de residência foi de 195 minutos, o peso diminuiu para 8,00 gramas   . A 280^0 C, quando o tempo de residência foi de 210 minutos, o peso diminuiu para 7,60 gramas   . A 300^0 C, quando o tempo de residência foi de 225 minutos, o peso diminuiu para 6,82 gramas.

(4.4.1) Experiência n.º 4 Tabela.

Temperatura(oc)	Tempo de residência (minutos)	Peso (grama)
0	0	20
20	15	19.57
40	30	19.14
60	45	18.40
80	60	16.71
100	75	15.03
120	90	14.79
140	105	13.55
160	120	12.73
180	135	12.38
200	150	11.10
220	165	9.33
240	180	8.69
260	195	8.00
280	210	7.81
300	225	6.82

Quadro.(4.4)

(4.4.(2) Experiência n.º 4 Gráfico.

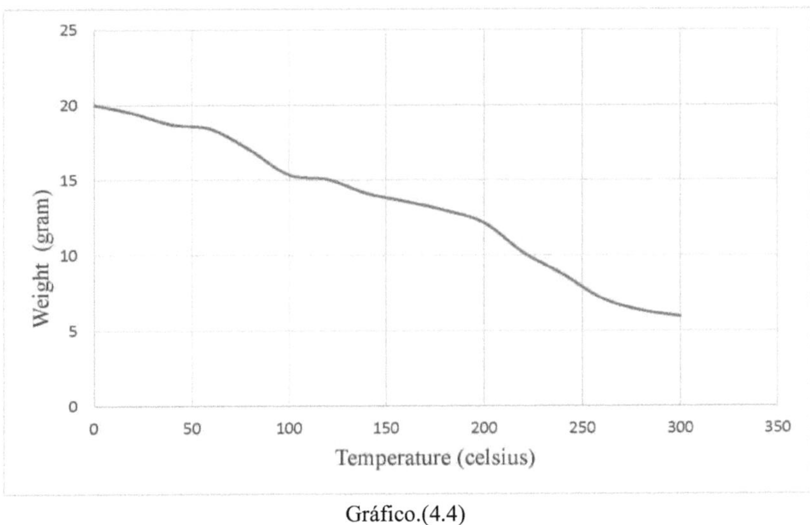

Gráfico.(4.4)

(4.4.(3) Experiência n.º 4 Resultado.

75% de biomassa e 25% de carvão reduzem o peso para 6,82 gramas quando aquecidos a 300^0 C e o tempo de permanência é de 225 minutos. Quando 100% da biomassa foi aquecida a 300^0 C. O tempo de permanência foi de 225 minutos, o peso foi reduzido para 6,70 gramas

(4.5) Procedimento da experiência n.º 5.
50% de mistura de carvão com 50% de cones esmagados de cipreste Lawson.

50% de cone triturado e 50% de carvão betuminoso triturado foram misturados num misturador para posterior tratamento térmico numa mufla. Foram retirados 20 gramas da amostra. A 0^0 C, o peso da amostra era de 20 gramas. Quando retirámos a amostra e a pesámos, o peso foi reduzido para 19,45 gramas. A 40^0 C, quando o tempo de permanência foi de 30 minutos, o peso diminuiu para 18,69 gramas. A 60^0 C, quando o tempo de residência foi de 45 minutos, o seu peso diminuiu para 18,39 gramas. A 80^0 C, quando o tempo de permanência foi de 60 minutos, o seu peso diminuiu para 17,02 gramas. A 100^0 C, quando o tempo de residência foi de 75 minutos, o peso diminuiu para 15   ,35 gramas. A 120^0 C, quando o tempo de residência foi de 150 minutos O seu peso diminuiu para 15 ,03 gramas .A 140^0 C, quando o tempo de residência foi de 105 minutos O seu peso diminuiu para 14 ,11 gramas . A 160^0 C, quando o tempo de residência foi de 120 minutos   O   seu   peso diminuiu para 13 ,57 gramas.   A 180^0 C, quando o tempo de residência foi de 135 minutos o seu peso diminui para 12,98 gramas. A 200^0 C, quando o tempo de residência foi de 150 minutos, o seu peso diminuiu para   12   ,15 gramas. A 220^0 C, quando o tempo de residência foi de 150 minutos o seu peso diminuiu para 10   ,18 gramas. A 240^0 C quando o tempo de residência foi de 180 minutoso seu peso diminuiu para 8 ,75 gramas. A 260^0 C, quando o tempo de residência foi de 195 minutos o seu peso diminuiu para 7 ,82 gramas. A 280^0 C, quando o tempo de residência foi de 210 minutos o peso diminui para 7,29 gramas. A 300^0 C, quando o tempo de permanência foi de 225 minutos, o peso diminuiu para 6,90 gramas.

(4.5.1) Experiência n.º 5Tabela.

Temperatura(oc)	Tempo de residência (minutos)	Peso (grama)
0	0	20
20	15	19.45
40	30	18.69
60	45	18.39
80	60	17.02
100	75	15.35
120	90	15.03
140	105	14.11
160	120	13.57
180	135	12.98
200	150	12.15
220	165	10.18
240	180	8.75
260	195	7.82
280	210	7.29
300	225	6.90

Quadro.(4.5)

(4.5.(2) Experiência n.º 5 Gráfico.

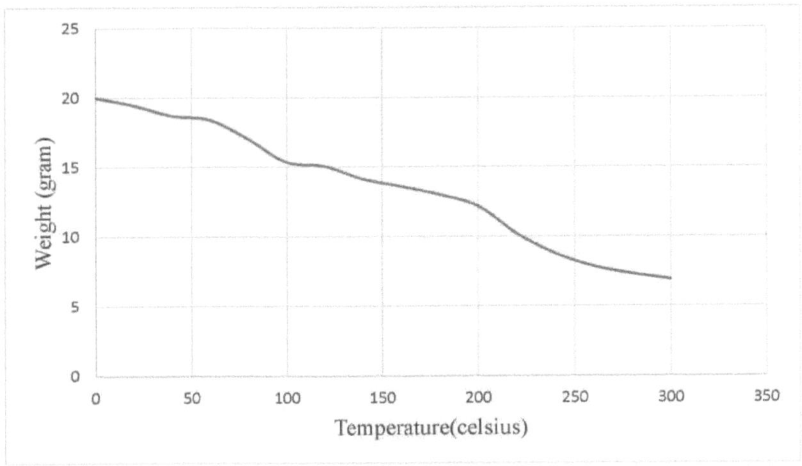

Gráfico.(4.5)

(4.5.(3) Experiência n.º 5 Resultado.

50% de carvão e 50% de biomassa foram misturados e aquecidos num forno. A 300^0 C, o seu peso diminuiu para 6,90 gramas quando o tempo de permanência foi de 225 minutos. Quando 100% foi aquecido a 300^0 C, o tempo de permanência foi de 225 minutos e o peso diminuiu para 7,70 gramas. Quando 100% do carvão é aquecido, o tempo de permanência é de 225 minutos e o peso diminui para 7,91 gramas.

As amostras mudam de cor após o tratamento térmico. As fotografias tiradas durante o trabalho experimental são apresentadas de seguida.

100% de mistura de carvão com 0% de cones esmagados de cipreste Lawson.

Fig.(4.1)

0% de mistura de carvão com 100% de cones esmagados de cipreste Lawson.

Fig.(4.2)

75% de mistura de carvão com 25% de cones esmagados de cipreste Lawson.

Fig.(4.3)

25% de mistura de carvão com 75% de cones esmagados de cipreste Lawson.

Fig.(4.4)

50% de mistura de carvão com 50% de cones esmagados de cipreste Lawson.

Fig.(4.5)

Conclusão

Neste trabalho de investigação, o bio-carvão é produzido a partir de biomassa e o carvão é produzido a partir de carvão betuminoso. O método utilizado para a produção de biocarvão é a torrefação. A biomassa é a fonte renovável de energia, através da torrefação podemos produzir bio-carvão a baixo custo. Quando a temperatura varia entre 2000C e 3000C, a estrutura oxigenada, a hemicelulose e a lenhina são destruídas. O carbono fixo obtido através da torrefação tem um valor calorífico superior ao da biomassa de origem. A biomassa contém uma grande quantidade de humidade, o que aumenta o custo de transporte da biomassa e ocupa mais espaço. Quando utilizamos a biomassa diretamente para fins de combustão, o seu poder calorífico é baixo.

Neste trabalho de investigação, o cone triturado do cipreste Lawson é aquecido numa mufla, ou seja, numa pirólise suave, e descobre-se a perda de peso com a temperatura.

A perda de peso do carvão betuminoso é encontrada com a temperatura. Alteramos a temperatura de 200 C-300^{00} C numa mufla para o carvão betuminoso triturado até obtermos um carbono fixo. Os vários teores de humidade, voláteis, SOX e NOX são removidos através de tratamento térmico. A capacidade de formação de coque do carvão de carvão é baixa em comparação com o carvão. O teor de humidade do carvão aumenta o custo de transporte e ocupa mais espaço. Através de uma pirólise suave, podemos destruir o teor de humidade e o componente volátil do carvão.

O biocarvão produzido pode ser utilizado com carvão para fins de gaseificação, para co-combustão e para a produção de gases de síntese. Ao utilizar o biocarvão e o carvão para fins de co-combustão, as emissões verdes serão reduzidas.

O carvão é uma fonte de energia não renovável. Podemos utilizar biomassa torrificada, ou seja, bio-carvão, com carvão para fins de gaseificação e co-combustão. Podemos substituir o carvão em centrais térmicas, metalúrgicas e outros processos por biomassa torrificada, ou seja, bio-carvão.

Recomendação

O biochar produzido a partir de biomassa por torrefação tem uma maior quantidade de carbono fixo.

O biocarvão produzido pode ser utilizado para a produção de gases de síntese, para fins de gaseificação e para a co-combustão com carvão.

O custo de transporte do carvão e do biocarvão é baixo.

O bio-carvão aumenta a fertilidade do solo e aumenta a produção agrícola.

O biocarvão produzido pode ser utilizado para a produção de biocombustível.

O biocarvão tem uma baixa quantidade de gases voláteis, SOX e NOX.

O bio-carvão tem um valor calorífico superior.

A mistura de 75% de carvão e 25% de biomassa dá um melhor produto final e, desta forma, podemos reduzir a utilização de carvão.

O biocarvão pode substituir o carvão nas centrais térmicas, na metalurgia e noutros processos.

A capacidade de formação de coque do carvão e do biocarvão é baixa.

A torrefação da biomassa com carvão permite obter uma mistura mais homogénea..,

Referências

A biogas roadmap for Europe, Associação Europeia da Biomassa, Bruxelas. (2009).

Addressing obstacles in the biomass feed stock supply chain, biomass power and térmica, BBI internacional (2011).

Belga, V, et al (2003). Energy from gasification of solid waste, gestão de resíduos vol. 23, pops (1-15).

Universidade e Universidade de Linnaeus (2011). Branding; j. M. turner, I. Oden brand.

Caracterização de combustíveis de biomassa (1998). Bushnell, D.

Centro para a solução climática e energética (2012) e solução energética. Ciolkosz, D. U. Departamento de Energia dos EUA (DOE) e Departamento de Agricultura dos EUA (USDA) (2005).

Donald klass (www.beral.org).

O programa de processamento de energia de biomassa do Michigan (www.Michigan bioenergy. Org).

BERA Biomass Energy Research association (www.beral.org).

Departamento de Energia dos EUA, Eficiência energética e energias renováveis (www.eere.org).

Visão geral da biomassa, produção de energia a partir da bio massa (parte 1). Peter Mc kendry.

The plant tree of life an overview and some point of view. American journal of botany91

(10) Jaffrey D. Palmer, Douglas E. softis e mark w. chase (2004).

ANGIOSPERM PHYLOGENY evolução das plantas com sementes. Steven, P F.

Os PETRIDOSPERMAS são a espinha dorsal da filogenia das plantas com sementes.

Journal of the torry botanical society. Hilton, Jason e Richard M. batemen (2006).

Polipoide ancestral em plantas de sementes e angiospermas, natureza jiaoy, wicket NJ,

Ayyampalayam S.

CHANDERBALI AS, Landherr L, Ralph P E, Tomsho L P, Liangh, Solis D E, Solti's P

S. Clifton S W, Matt, leebens-mack (2011).

Actas da Sociedade Real B: Ciências Biológicas. Labanderia, conradc, yang, Qing,

Santiago-blay, Jorge A. Hotton, carol, Monterio, Jorge A. Yulia shih.

Chungkun.

Campbell, reece, phylum coniferophyta biology 7th 2005 print. 595.

Elemento de combustíveis, Fornos e Refractários OM PARKASH GUPTA Volume 4,

sexta edição, página 6, capítulo 2.

Fungui Zeng Shanxi key laboratory of coal science and technology, Taiyuan University

of technology china.

Zafar Ali Khan Diretor-geral da Private Power & Infrastructure Board. Reservas de

carvão do Paquistão (2008).

James A. Luppens, Timothy J. Rohrbacher, Leem. Osmonson e M. Devereux Charter.

Brenda. Pierce e Kristino. Dennen.

Tewalt, S.J, R uppert L.F.

Application Basin Coal Regions US. Geological survey professional paper 1625C, 102 p. Tewalt, S.J. Rupert, L f. Bragg. L, J, CARLTON. R, W Brezinski. D, K, W.

Allack, R.N. e Butler D T 2001 Capítulo C.

Avaliação dos recursos de carvão de Springfield, Herrin, Danville e Baker na bacia do Illinois, Hatch. R e Affolter , R.H. eds (2002).

Base de dados do US geological survey coal Quality (COALQUAL) R. B (1998). Bragg. Sociedade de geólogos económicos, publicação especial n.º 4 P 536-545.Brannon, J. C., Podosek, F. A e COLE, S.C., (1997) Radiometer dating of Mississippi vally. type ore deposits in sangster.

Timmg e desenvolvimento de veios mineralizados durante a diagénese em camadas de carvão, procedentes do neuvieme congress. International de stratigrapphie et de geologies du earbonifere (1979). Geologia económica do carvão, petróleo e gás.

Damberger, H.H, (1991) Coalification in North America coalfields in Gluskoter.

Rice D, D., e Taylor, R.B.

Instituto Mundial do Carvão, secção 1 (2012).

Potencial de produção de energia eléctrica a partir do carvão no Paquistão Conselho privado de energia e infra-estruturas do Paquistão.

Ministério do Petróleo e dos Recursos Naturais do Paquistão (2005-2006).

Liquate Ali jatoi. Ministro Federal da Água e da Energia. setembro (2004).

Annamalai, et al. (2001), "Co-firing of coal and biomass fuel blends" (Co-combustão de misturas de carvão e biomassa). Progress in energy and combustion science, Vol.27,

P.171-214.

Atimtaya et al. (2010). "Investigação das características de co-combustão de carvões de lenhite de baixa qualidade e biomassa com análise termogravimétrica".

"termoquímica". Vol.510, P.195-201.

Augustine Quek et al. (2012), "Thermogravimetric investigation of hydro charlignite co combustion" 'BioresourceTechnology, Vol.123, P. 646-652.

Berbenni, Marini. et al. (2003), "Oxidation behavior of mechanically activated Mn3O4 by by with coal Energy and emission balances from a German case study" Minerals Research Bulletin, Vol. 38, P. 1859-1866.

Berridi, et al. (2006), "Caroline Bernicot Pyrolysis-FTIR and TGA techniques as tools in the characterization of blends of natural rubber and SBR" ThermochimicaActa, Vol. 444, P. 65-70.

Chandra Pradhan, et al. (2010), "Supercritical co2 extraction of fatty oil from flaxseed and comparison with screw press expression and solvent extraction processes" journal of food engineering, Vol.98, P. 393-397.

Chen et al. (2012), "He Co-pyrolysis characteristics of microalgae Chlorella Vulgaris and coal through TGA" Bioresource Technology, Vol.117, P. 264273.

Demirbas A et al. (2005) "Potential applications of renewable energy sources, biomass combustion problems in boiler power systems and combustion related environmental issues." Prog Energy Combust Vol. 31, P.171-92.

Demirbas et al. (2004) A. Características de combustão de diferentes combustíveis de biomassa. Prog Energy Combust Sci; 30:219-30.

Ellene et al. (2013), "Economic impact of wood pellet co-firing in South and West Alabama", Energy for Sustainable Development, Vol. 17, P. 252-256.

Adozssi et al. (2013), "Economic impact of wood pellet co-firing in South and West Alabama", Energy for Sustainable Development, Vol. 17, P. 252-256.

1Gil, et al. (2010), "Thermal behavior and kinetics of coal/biomass blends during Co-combustion". Bioresource Technology, Vol. 101, P. 5601-5608.

Hartmann, et al. (1999), "Electricity generation from solid biomass via cocombustion with coal Energy and emission balances from a German case study" Biomass and bioenergy, Vol.16, P.397-406.

Haykiri-Acma et al. (2013), "Co-combustion of low rank coal/waste biomass blends using dry air or oxygen" Applied Thermal Engineering, Vol. 50, P. 251259.

HE Ye-guang, et al. (2012) "LI Run-dong Mechanism of coal and biomass cocombustion: Características da deposição", J Fuel ChemTechnol, Vol.40 (3), P.273_278.

Hoffmann et al. (1999) "Limits to co-combustion of coal and eucalyptus due to water availability in the state of Rio Grande do Sulk, Brazil" Biomass and Bioenergy, Vol.16, P.397±406.

Hussain et al. (2012) "Pyrolysis and combustion kinetics of date palm biomass Using thermogravimetric analysis" BttoresourceTechnology, Vol.118, P. 382389.

Ionel Pisa et al. (2013), "Combined primary methods for NOx reduction to the pulverized coal-sawdust co-combustion", Fuel Processing Technology, Vol.106 P.429-438.

Samy sadaka, Mahmoud A, Sharara, Amanda Ashworth, Patrick keyser, Fred Allen e Andrew wright. 14 de janeiro de 2014.

(55 Xiaotoo T. Bi. Wei-hasin Chen, Jianghong Peng. (2015).

B. Batidziria, A.P.R. Mignot. W.B. Schakel, H.M. Junginger. A.P.C. Faaij.

Daya Ram Nhuchh, Prabir Basu e Bishnu Acharya. (2016).

(Empresa francesa de torrefação orientada para a América do Norte) (2010).

Mark J. Prins. Krzysztof J. Ptasinaski. Frans J.J.G. Janssen. (2006).

Juni Li, Artur Brzdekiewicz Weihong yang, Wlodzimierz, Blasiak. (2012).

B. Arias, C. Pevida, J. Fermoso, M.G. Plaza (2007).

M.J.C. Vander Stelt, H. Gerhausrer, J.H.A. Kiel, K.J. Ptasinski. (2011).

(62 Manunya Phanphanich, Sundhaga Mani. (2010).

(63 Richard B. Bates, Ahmed F. Ghoniem... (2012).

P. Rousset, L. Macedo, J.M Commandre, A. Moreira. (2013).

Alok Dhungana. Animesh Dutta. Prahir Basu. (2014).

Samy sadaka, Mahmoud A, Sharara, Amanda Ashworth, Patrick keyser, Fred Allen e Andrew wright. (Caracterização de biochar a partir da carbonização de switchgrass) 14 de janeiro de 2014.

Xiaotoo T. Bi. Wei-hasin Chen, Jianghong Peng. (Revisão de energia renovável e sustentável) (2015)

B. Batidziria, A.P.R. Mignot. W.B. Schakel, H.M. Junginger. A.P.C. Faaij. (Tecnologia de torrefação de biomassa: estado técnico-económico e perspectivas futuras) dezembro de 2013.

Daya Ram Nhuchh, Prabir Basu e Bishnu Acharya. (Torrificação de choupo num torrificador rotativo contínuo de duas fases, indiretamente aquecido). (2016)

yes
I want morebooks!

Buy your books fast and straightforward online - at one of world's fastest growing online book stores! Environmentally sound due to Print-on-Demand technologies.

Buy your books online at
www.morebooks.shop

Compre os seus livros mais rápido e diretamente na internet, em uma das livrarias on-line com o maior crescimento no mundo! Produção que protege o meio ambiente através das tecnologias de impressão sob demanda.

Compre os seus livros on-line em
www.morebooks.shop

Printed by Books on Demand GmbH, Norderstedt / Germany